地球生命故事

生物大灭绝

怪诞虫

[英国] 本 · 加罗德 著
[美国] 加布里埃尔 · 乌格托 绘
石敏 译
苗德岁 审定

译林出版社

图书在版编目（CIP）数据

生物大灭绝．怪诞虫／（英）本·加罗德
(Ben Garrod) 著 ；（美）加布里埃尔·乌格托
(Gabriel Ugueto) 绘 ；石敏译．-- 南京 ：译林出版社，
2024.9
（地球生命故事）
书名原文：Extinct：Hallucigenia
ISBN 978-7-5753-0153-4

Ⅰ.①生… Ⅱ.①本… ②加… ③石… Ⅲ.①古动物－
青少年读物 Ⅳ.①Q91-49

中国国家版本馆 CIP 数据核字（2024）第088011号

著作权合同登记号　图字：10-2022-465 号

生物大灭绝：怪诞虫　[英国] 本·加罗德／著　[美国] 加布里埃尔·乌格托／绘
石敏／译　苗德岁／审定

责任编辑　宋　旸
装帧设计　曹沁雪
校　　对　王　敏
责任印制　单　莉

原文出版　Head of Zeus, 2021
出版发行　译林出版社
地　　址　南京市湖南路 1 号 A 楼
邮　　箱　yilin@yilin.com
网　　址　www.yilin.com
市场热线　025-86633278
排　　版　南京新华丰制版有限公司
印　　刷　南京爱德印刷有限公司
开　　本　718 毫米 ×1000 毫米　1/16
印　　张　7.5
版　　次　2024 年 9 月第 1 版
印　　次　2024 年 9 月第 1 次印刷
书　　号　ISBN 978-7-5753-0153-4
定　　价　30.00 元

我们为什么要了解生物大灭绝？

苗德岁（古生物学家）

“生存还是毁灭？这是个问题。”莎翁名剧《哈姆雷特》中哈姆雷特王子的独白，脍炙人口并历来为人们所传诵。贾平凹在《自在独行》中，也讨论了生与死的命题，并指出：人一生下来就预示着要死，生的过程就是死的过程……不能正确地面对死亡，也绝不会正确地面对活着。

其实，生物界的物种又何尝不是如此呢？正如“地球生命故事·生物大灭绝”这个系列的作者本·加罗德指出的那样：“自从地球上出现生命开始，就有了灭绝，假以足够的时日，所有物种都会灭绝殆尽。”然而，在法国著名博物学家居维叶之前，人们是无法接受生物竟会灭绝这一事实的。连达·芬奇这样的学者都认为，化石是现代生物的遗体。而当布封指出化石所代表的生物形态现在已不复存在时，简直就是捅了马蜂窝！不仅是教会，连其他一些研究化石的学者也不敢相信，创世主岂能让他所创造的完美生物随随便便地就销声匿迹了？这是不可思议的事！

当时的学者们还把在意大利发现的猛犸象化石归为汉尼拔入侵罗马时从非洲带来的大象遗体。他们认为，猛犸象一定还生活在地球上某个人迹罕至的角落里，有待探险家们去发现呢。18 世纪末，尽管居维叶是坚定的“物种不变论”者，但是他通过象化石的解剖学研究，诚实地发表了自己的见解：猛犸象化石不属于任何一种现生象类；不仅现生的非洲象和亚洲象是两个不同的物种，而且欧洲和西伯利亚的猛犸象也不属于现生象类的任何一个物种，而是属于业已灭绝的化石物种。这一发现堪称居维叶一生中最具革命性的科学贡献——它使人们逐步接受了生物灭绝这一事实。

后来，达尔文在《物种起源》中指出：生物之间的亲缘关系可以用一株大树（即“生命之树”）来表示：绿色生芽的小枝代表现存的物种，而往年生出的枝条以及枯萎、折落的枝叶则代表先后灭绝的物种。可惜，这些灭绝的物种的化石，在达尔文时代极少被发现，因而也成为令他颇为头痛的问题之一。但是，他根据生物演化论确信，已灭绝了的生物物种总数大大超过了现生物种的总数。

经过达尔文以来数代古生物学家的努力，到目前为止，我们已经发现了许许多多灭绝生物的化石物种，证实了达尔文的预见的正确性。此外，现代演化生物学的建立和发展，开启了我们认识生物多样性之旅。根据现在科学家初步的估计显示：目前存在于地球上的缤纷多姿的生物多样性，在地球历史上只不过是九牛一毛而已——已经灭绝了的生物物种总数可能占据整个生物多样性在时间与空间上分布的 99%！

换句话说，在地球上生活过的生物物种，99% 以上都已经灭绝了！

正如本系列《利索维斯兽》一册开头的引语所说："灭绝是规律，存活是意外。"正因如此，本·加罗德写道："就灭绝而言……它就是我们这个世界的一部分，它在适当的时间，以适当的程度发生，是一件再自然不过的事情，甚至在某种意义上助推了演化。"

在如此众多的化石物种里，作者颇具匠心地选取了八个代表物种。它们分别代表了动物界的一些主要类群，又分布在地球历史（暨生物演化史）上的各个重要阶段，尤其是它们代表了五次（以及可能成为第六或第七次）大灭绝中丧生的物种，同时又都是大名鼎鼎的"明星"化石（除了海南长臂猿之外）。通过这八个物种，作者不但介绍了它们的形态、分类、生态、行为，以及在时间和空间上的分布等，而且介绍了造成五次大灭绝的可能的原因，以及这些大灭绝事件对生物演化的影响。事实上，大灭绝虽然致使当时全球的生物多样性骤减，但又为其后新的生物类群的兴起和发展提供了空间与契机，因而对整个生命演进产生了重大的影响，成为波澜壮阔的生命演化大戏中一个个惊心动魄的华章。

最后，我必须指出，作者选择"海南长臂猿"作为本系列最后一册的主角是颇有深意的。作为一位灵长类研究专家和保育生物学家，本·加罗德在该系列的引言里，从一个独特的视角来表达他撰写这套书的目的："如果我们有机会拯救一个物种，使之免于灭绝的厄运，那么我们首先就要了解灭绝本身。什么是灭绝？是什么导致了灭绝？当许多物种突然灭绝时，到底发生了什么？我要把灭绝作为一个生物学过程来探索，并探讨为什么它有时对于演化而言具有积极的意义，同时又是自然界里最具破坏性的力量。让我们仔细地观察它，剖析它。”

事实上，作者表面上虽然在写物种的消亡，但实则是充满慈悲情怀地谈论野生生物以至于整个生态环境的保护。尽管生物大灭绝是生物演化中不可或缺的一环，但我们没有任何理由以此来作为我们人类肆意破坏生态环境的遁词！正如他在《海南长臂猿》一书结尾所写的：

> 那么，地球上的生物会有什么样的未来呢？我不知道，我们没有人知道。我只确信现在这个自然世界正面临越来越严重的威胁，而且这个威胁比人类历史上的任何时刻都严重。接下来的若干年将会是非常关键的时刻，地球生命的未来就在我们手里。如果你为有这么多栖息地被破坏而担忧，为有那么多物种濒临灭绝而担忧，那么记住，在这个星球的整个生命史上，从来都没有像现在这样，有那么多人为这些栖息地和物种的生存而奋斗。而你，就是其中一员。

读到这里，我相信没有任何一个读者不会因此而动容！窃以为，这就是这套丛书的“核心内容”(take-home message)。为此，我向这套书的作者、译者和编辑致敬——感谢你们为中国的小读者们做了一套他们读来欲罢不能的、有意义的好书！

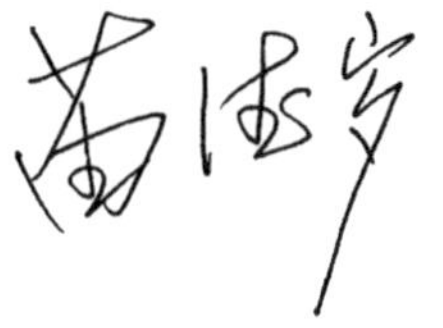

最终，我们只保护我们所爱的，只爱我们所了解的，并且只了解我们所学过的东西。

——巴巴·迪翁[1]

1 巴巴·迪翁，塞内加尔林业专家，世界自然保护联盟和环境法国际理事会的创始成员。——编注

目　录

引　言

自从地球上出现生命开始，就有了灭绝，假以足够的时日，终有一天所有物种都会灭绝殆尽。濒临灭绝的物种数量不断增加，我们似乎每天都在听到越来越多这样的悲剧。科学家、保育人士、慈善组织、大学、社区，甚至一些有良知的政府都在与灭绝做斗争，试图拯救一些我们最为珍惜的物种和栖息地。但是，就灭绝而言，难免事与愿违，它就是我们这个世界的一部分，它在适当的时间，以适当的程度发生，是一件再自然不过的事情，甚至在某种意义上助推了演化。

我是一名演化生物学家，这是世界上最棒的工作。我在工作中与我们这个星球上的一些最奇怪、最美丽、最具标志性，并且最令人心碎的濒危动物打交道。我理解物种如何走向灭绝，以及为什么会走向灭绝。尽管如此，当我听到一个物种（任何物种）已经开始走向灭绝，或出现更糟糕的情况，很快将要因为我们而被载入史册时，我仍深感不安。关于物种濒临灭绝、栖息地遭到破坏以及全球气候变化影响的新闻报道源源不断，振聋发聩。然而，我们到底对灭绝有多少了解呢？

如果我们有机会拯救一个物种，使之免于灭绝的厄运，那么我们首先就要了解灭绝本身。什么是灭绝？是什么导致了灭绝？当许多物种突然灭绝时，到底发生了什么？我想把灭绝作为一个生物学过程来探索，并探讨为什么它有时对于演化而言具有积极的意义，有时又是自然界里最具破坏性的力量。让我们仔细地观察它，剖析它。灭绝是一个不可思议的过程，了解它有助于我们更好地认识这个世界，并做出改变。

当一个物种被宣布已灭绝，我们列出或提到它的科学名称时，会在边上标注一个匕首符号“†”。所以，如果你看到一个物种的名字后面有一把小小的匕首，你就知道是为什么了：它已经灭绝了。

在“地球生命故事·生物大灭绝”这个系列里，我写了八个奇妙的物种。从怪诞虫（*Hallucigenia* †）开始，然后是邓氏鱼（*Dunkleosteus* †）和三叶虫（trilobites †），接着是利索维斯兽（*Lisowicia* †）、霸王龙（*Tyrannosaurus rex* †）和巨齿鲨（megalodon †），直到袋狼（thylacine †），最后是海南长臂猿（Hainan gibbon）。所有这些物种中，只有海南长臂猿的学名边上没有小匕首，说明它是其中唯一一个我们还有机会抢救的物种。

本·加罗德教授

什么是灭绝？

物种不断演化；它们改变自己来适应当下的环境，最终，它们走向灭绝。但是不要误会我的意思。灭绝是个自然过程，并不意味着我们就应该坐视不管。被太阳灼伤是自然过程，但是我们还是会明智地涂上防晒霜来保护自己。每一次灭绝都不一样，每一次的损失都是独一无二的，事实上，虽然有时候我们在应对灭绝时什么也做不了，但有时我们可以。

在调查什么时候应该努力去应对灭绝问题之前，我们首先应该知道，灭绝是一个自然过程。什么原因导致了灭绝，是什么让有的物种比另一些物种更容易灭绝？当我们听到“extinct”（“灭绝”的形容词）或“extinction”（“灭绝”的名词）这两个词语的时候，我们通常会想到两件事。第一，我们想到恐龙，因为它们可能是经历过灭绝的生物中最具标志性和我们最熟悉的类群。我打赌你想到了霸王龙、梁龙（*Diplodocus*）或三角龙（*Triceratops*），不是吗？第二，我们经常认为，如果某种生物已经灭绝，那么它可能在某些方面有点蹩脚，甚至也许活该要消失。

不过，这两种想法都不对。首先，恐龙肯定不是唯一经历过灭绝的类群，我相信正如许多人知道的那样，事实上，确切意义上来讲它们从未真正完全灭绝，但这是

另一码事了。其次，正如我已经提到的，走向灭绝是自然的过程，几乎每一种曾经存在或可能存在的动物、植物、真菌、细菌和其他生命形式都会灭绝，这与一个物种的“好”或“坏”没有任何关系。

即使只是快速地浏览一下灭绝现象，也能看出它的广泛性和毁灭性，但同时它又是多么重要。但是，在我们理解这一切之前，我们所说的灭绝这个词到底是什么意思？我们可能有一个大致的概念，这意味着一个物种不再“活着”。当某个物种或类群的最后一个个体死亡，而且绝对没有留下任何后代，这个物种就灭绝了。自地球上第一个生命出现以来，灭绝就一直在发生，这意味着一定有大量的物种已经灭绝。你很难弄清楚有多少物种已经灭绝。科学家估算，有史以来在地球上生存过的物种中多达 99% 已经灭绝，如果你想知道这个数量究竟是多少，根据他们的计算，这意味着地球上已经失去了几乎 50 亿个物种，这真是令人难以置信。

因为许多物种的灭绝可以追溯到数百万年（甚至数

亿年）前，因此我们永远不可能确切地知道这个数目，而且当时也没有科学家拿着相机或笔记本站在那里，所以我们永远不可能了解这些物种中的大部分了。即使在今天，科学家认为地球上可能有 1000 万至 1400 万个不同的物种（尽管有的科学家认为这个数字甚至可能高达一万亿），但在这些物种中，被以科学的方式记录在案的只有大约 120 万种。这意味着我们现在对地球上大约 90% 的生命还一无所知。

这就是有点复杂的地方。灭绝是个自然过程。甚至我们人类总有一天也会灭绝。这听起来可能有点悲伤，但那是因为你站在个人的角度思考。记住，我们只是约 1400 万个物种中的一员。通常，一个物种在灭绝并载入历史（甚至史前史）书籍之前，有大约 1000 万年的时间演化、吃饭、追逐、嬉戏，还可以做家庭作业、建造房屋，甚至登上月球。有些物种的寿命比这更长，有些物种的生存时间则更短。

每一个物种都会演化得完美地适应特定的生态系统

或栖息地，并以一种适合生存和繁衍的方式生活，我们称之为生态位。当一个物种无法在其生态位生存时，就会发生灭绝。很多不同的因素可以导致这种情况，有些因素比其他因素更容易导致灭绝。有的因素灭绝了一个物种，有的同时导致数千，甚至数百万个物种的灭绝，这使得灭绝成为科学研究中最复杂、最有趣，也是最重要的课题之一。

当我们想象怪诞虫生活的世界时会发现，从食物链顶端的食肉动物，到非常早期的海绵群落是如此的不一样。

为什么物种会灭绝？

最近的一份报告指出，地球上有大约 100 万个物种正在面临灭绝的威胁。这个数字听起来已经高得令人难以想象，但却只包括了动物和植物，而不包括对地球福祉至关重要的任何其他生物类群。如果把它们也包括在内，那么这个数字会更高，而且高得多。

但是为什么物种会灭绝呢？猎人并没有杀死所有这些物种，事实上，气候变化也不能对每一次的损失负责。正如你所看到的，导致物种灭绝的原因有很多，但这些原因之间有共同的联系吗？是什么原因让某些物种比其他物种更容易灭绝呢？这是许多科学家正在研究的有趣问题。

最简单的，当一个物种所处的环境中灾难发生得太快，或者严重到让一个物种无法克服时，就会发生灭绝。想象一下，如果一小群青蛙生活在一个小岛上，而在那个岛上，一座火山爆发了，熔岩覆盖了整个土地。如果火山爆发是突然的，青蛙无处可去……那么，青蛙就只好说拜拜了。但是，如果火山喷发发生得足够慢，青蛙有足够的时间逃跑，说不定有的蛙可以找到一个安全、潮湿的岩架或一条从熔岩流中幸存下来的小溪，可能有一两只青蛙可以活下来，而这个物种可能就不会灭绝。万岁！

当一个物种没有机会对环境的变化做出反应时，它就很可能会灭绝。这里说的反应是指什么？嗯，这可能是一种身体上的变化，比如颜色或体形，或者行为改变，比如搬到另一个栖息地或吃不同的食物。也有可能是一个非常小的变化，只在基因层面上才能看到。就什么样的“环境变化”可能导致灭绝而言，可能是物种所处的物理环境，例如婆罗洲森林的栖息地破坏、北极的升温或大堡礁海水的酸度升高。或者可能是在它们的“生物环境”中，比如来了一种新的捕食者，就像被引入澳大利亚的巨型海蟾蜍。或者一种新的致命疾病的传播——例如，一种病毒可能从蝙蝠传播给人类，然后再从人类传播给野生的类人猿。对于每一种变化，物种都需要适应，否则就会死亡。

科学家估计，一个物种在灭绝前的平均“寿命”在100万年至1000万年之间。让我们仔细看看那些能够直接或间接导致一个物种或一组物种灭绝的原因。

疾病、捕猎和竞争

这些可能在过去的4.5亿年里一直在自然地发生，或者也可能在近期由人类行为导致。

你可能想要知道一种疾病是怎么归咎到人类的。以青蛙为例，它们的数量在全球范围内急剧下降，主要是因为一种叫作弧菌病的可怕的真菌病。几十年前非洲爪蛙被从非洲南部输送到世界各地，并被用于人类妊娠测试，尽管我们还不能百分之百确定，但这可能就是导致上述现象的原因。

现在看来，这个测试听起来有点奇怪，但当时我们还没有现代的验孕技术，只能在实验室里通过观察女性的小便是否会对青蛙的卵巢产生反应来测试她是否怀孕。这虽然奇怪，但却是真实的！非洲爪蛙本身似乎没有受到这种真菌的影响，但当它们被带到世界各地进行妊娠测试时，它们随身携带的致命的弧菌影响了世界各地没有自然免疫力的物种。结果就是，超过500种蛙类、蟾蜍、蝾螈和其他两栖动物因弧菌而数量减少，其中有些物种的种群规模灾难性地下降了 99%。

捕食是另一个自然的或非自然的因素。将人类与捕食联系在一起的一个意外的例子是原产于印度洋和太平洋的狮子鱼。这些色彩鲜艳却有毒的食肉鱼在美国的水族馆里被当作宠物饲养，但当它们被释放后，其中的许多个体最终到达了加勒比海，造成了当地珊瑚礁鱼类种群的巨大破坏。在竞争方面，在某些情况下，生态系统中的食物和住所等资源可能是有限的，这会导致物种之间的直接竞争。如果一个物种没有能力竞争，那么它可能就会被推向灭绝。

共同灭绝

有时候，两个物种的演化关系紧密，并由此变得相互依赖，所以当其中一个物种灭绝时，另一个也会灭绝。例如，特定的寄生生物依赖于特定的宿主物种——无花果需要依赖一种特别小的寄生蜂才能结出果实。或者有的授粉昆虫需要依赖特定的植物才能生存。达尔文曾预言的马达加斯加长喙天蛾拥有一根很长的喙，它只能从

一种具有很深的漏斗状花距的兰花中采集食物。

一个关于共同灭绝的极端例子是恐鸟和哈斯特鹰。恐鸟是一种发现于新西兰的巨大的没有翅膀的鸟。恐鸟重达 230 公斤，身高 3.6 米，几乎是普通鸵鸟的两倍高。哈斯特鹰是有史以来最大的鹰，是恐鸟的主要捕食者。在大约 600 年前，当人类定居者猎杀了最后一只恐鸟后，这些鹰也因为缺少食物而灭绝了。

基因混合

这里要说的不是你通常理解的那种污染，但每个物种都拥有一组特定种群独有的基因数据，这就像是一个物种的配方，如果改变了一丁点儿数据，那么它就会变

当不会飞翔的巨大恐鸟在新西兰南岛被猎杀到灭绝，也就意味着哈斯特鹰的终结。

成一个不同的物种，就好像属于这个食谱的配料混入了另一个食谱当中。当一个物种的遗传物质因为出现其他物种的专属遗传物质而改变时，我们称之为“基因混合”。这种情况可以自然地发生，比如生活在非洲的不同种类的猴子的杂交，也可能是人类行为导致的。

一个著名的例子是生活在苏格兰的苏格兰野猫。这些猫是一个独特的物种，但现在已经几乎完全消失了，因为家猫可以和它们一起繁殖后代，它们生的小猫可能是你家里养的宠物猫和苏格兰野猫的杂交个体。它们看起来可能没有太大的区别（事实上，甚至可能看起来一样），但它们并不相同。最初的物种已经发生了变化，最终可能会完全消失。当两个物种这样一起繁殖后代，我们称之为杂交，它们的后代被称为杂交种。

栖息地破坏

现在我们可以清楚地看到栖息地的破坏和变化如何导致了物种的灭绝。我们只需要看看印度尼西亚、马来西亚和西非，那些地方为了给生产棕榈油腾出土地而正在砍伐森林，或者破坏大堡礁，那里倾倒的化学物质和其他废物正在污染和杀死珊瑚礁。在地球生命史上，栖息地的破坏一直是物种灭绝的重要原因。在本书的主角怪诞虫演化的那个世界里，它们所需的栖息地也消失了，并导致了这个物种的灭绝。当栖息地的变化或破坏是导致物种灭绝的原因时，可能是因为栖息地完全丧失，或者被污染了，或者温度发生了变化。栖息地的任何变化都可能导致物种灭绝。

气候变化

这一定是你最近听过的导致物种灭绝的原因之一。2019 年 2 月，当珊瑚裸尾鼠（仅在大堡礁北端的一个岛屿上发现的一种啮齿动物家族成员）被宣布灭绝时，我们第一次看到了由人类导致的气候变化带来的哺乳动物的灭绝。海平面上升导致荆棘礁栖息地丧失，使得这种小型啮齿动物无法生存。

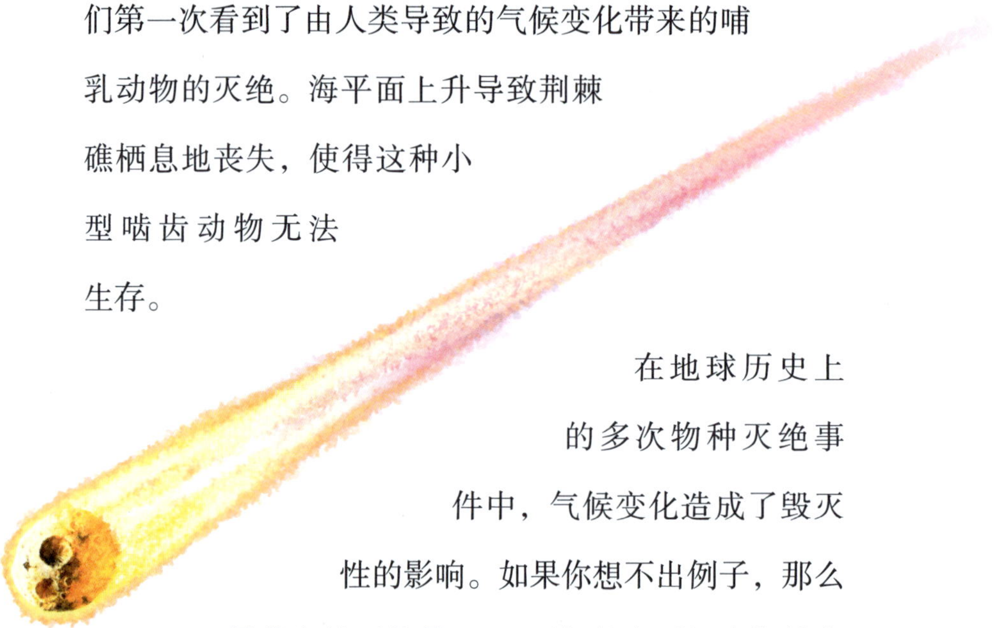

在地球历史上的多次物种灭绝事件中，气候变化造成了毁灭性的影响。如果你想不出例子，那么最著名的可能是 6600 万年前白垩纪末期的大灭绝，当时著名的“恐龙杀手小行星”撞击了现在的墨西哥北部海域，带来了直接且持久的气候冲击。

甚至就在写这本书的时候，我看到了南极气温首次超过 20℃的消息。这将会对那些喜欢寒冷环境的海洋无脊椎动物，以及以它们为生的鲸鱼产生什么样的影响呢？在更大的尺度上，数亿吨冰的融化将对海平面和地球的未来气候产生什么样的全球性影响？

时间线

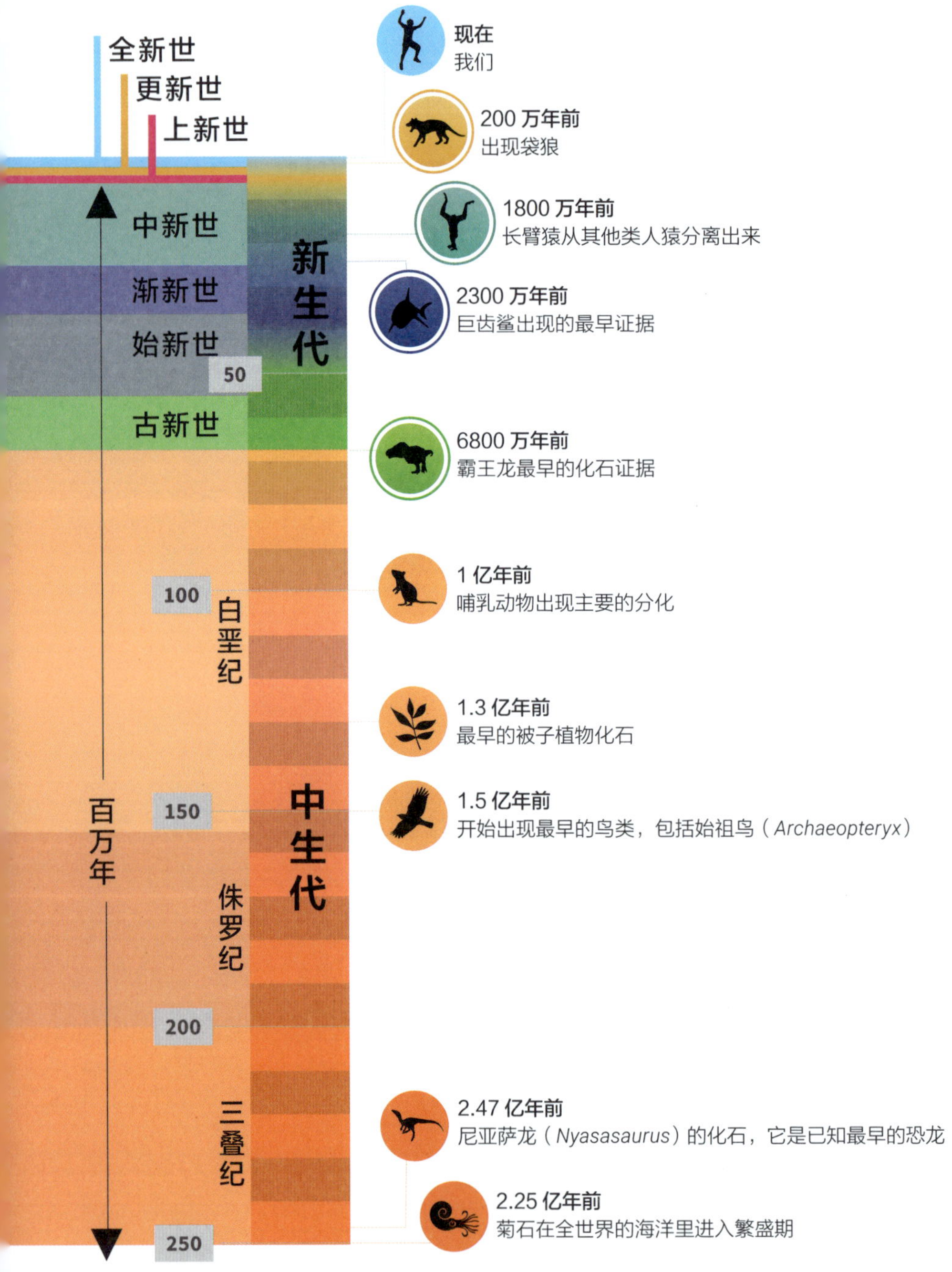
全新世
更新世
上新世
中新世
渐新世
始新世
50
古新世
新生代
100
白垩纪
150
百万年
侏罗纪
200
三叠纪
250
中生代
现在
我们
200 万年前
出现袋狼
1800 万年前
长臂猿从其他类人猿分离出来
2300 万年前
巨齿鲨出现的最早证据
6800 万年前
霸王龙最早的化石证据
1 亿年前
哺乳动物出现主要的分化
1.3 亿年前
最早的被子植物化石
1.5 亿年前
开始出现最早的鸟类，包括始祖鸟（*Archaeopteryx*）
2.47 亿年前
尼亚萨龙（*Nyasasaurus*）的化石，它是已知最早的恐龙
2.25 亿年前
菊石在全世界的海洋里进入繁盛期

太古宙 元古代 古生代

寒武纪 奥陶纪 志留纪 泥盆纪 石炭纪 二叠纪

百万年

500 450 400 350 300

30 亿年前
病毒的最早证据

21.5 亿年前
细菌的最早证据

6.8 亿年前
水母及其近亲最早的祖先

5.2 亿年前
最早的三叶虫化石
出现最早的脊椎动物（它们可能看起来像小鳗鱼）
怪诞虫化石证据

3.85 亿年前
最早的树木化石

3.82 亿年前
最早的邓氏鱼证据

3.4 亿年前
最早的两栖动物

3.25 亿年前
最早的有翅昆虫化石

3.2 亿年前
演化出似哺乳类爬行动物，包括异齿龙（*Dimetrodon*）

3 亿年前
最早出现利索维斯兽

对于最早的化石，有些年代数据是根据我们目前的最新认识来估算的，它们不总是完美的。随着我们收集的证据越多，我们就能越确定，这些年代数据就会越准确。

大灭绝

就是现在，在世界的某个地方，由于某些原因，一些生物正在走向灭绝，希望这是由自然原因导致的。就像一个物种的演化和出现是完全自然的一样，物种的不断流失也是如此。物种以恒定的周期来了又走，有点像潮汐来回的涌动或季节的变换。

灭绝不可避免，而且在任何有生命的地方，灭绝都在以某种可预测的速度发生。我们将这种情况称为背景灭绝，即持续的、低水平的灭绝，除了即将灭绝的物种之外，它并不会在更大的范围内导致真正的大问题。大部分这类“日常的灭绝”会被我们大多数人忽视——你听说过珊瑚裸尾鼠吗？

当我们谈论大灭绝时，一切就都不一样了。正如你所料，大灭绝涉及大规模的生命损失，不仅影响了大量的物种或类群，还波及了地球的广大区域，或者两者兼而有之。在大灭绝事件中，物种消失的速度大于物种演化的速度。想象一下，你慢慢地往桶里倒水，但桶的侧面有一个大窟窿，随着时间的推移，水桶仍然会变空。在过去 5 亿年左右的时间里，地球经历了多次大灭绝，从 5 次到多达 20 次不等（取决于科学家所使用的定义，有多种不同的定义）。这些大灭绝事件中最严重的一次导致地球上超过 90% 的生命被抹除，生物多样性水平可能需要至少 1000 万年才能恢复到事件发生前的水平。有的大灭绝发生得相当快，比如 6600 万年前白垩纪末期由小行星撞击导致的那次大灭绝，而有的大灭绝则花了数十万年才完全生效。

当我们谈论大灭绝时，大多数科学家都认为曾经有五次典型的大灭绝，最早的一次发生在 4.5 亿年前，最近的一次发生在 6600 万年前。除了这五次著名的大灭绝之外，最近还发现了另一次大灭绝，大约发生在 250 万年前。现在，许多科学家都说，我们正走进（甚至已经进入）第六次大灭绝，但这需要我们仔细研究，原因有两个。首先，我提到了最近发现的发生在 200 多万年前的大灭绝，这是第六次大灭绝，那么目前的全球灭绝事件将是第七次。其次，正如我们稍后将在本系列中看到的那样，很难说大多数大灭绝事件是从什么时候开始的。所以，尽管目前的情况已经很糟糕了，但是有可能我们甚至还没有处于大灭绝的过程当中。

在本系列中，我们将关注五次经典的大灭绝事件、新发现的大灭绝事件，以及当前正在发生的、由我们引发的大灭绝事件。最后，我们将关注现在的科学家和自然资源保护主义者是如何应对灭绝威胁的，并探索我们可以做些什么。

奥陶纪末大灭绝

我们从五次著名的大灭绝事件中的第一次开始：奥陶纪末大灭绝，它由两次不同的灭绝组成。这两次灭绝的间隔大约有 100 万年，第一次灭绝开始于大约 4.43 亿年前。

据说这是有史以来排名第二的最具破坏性的大灭绝，消灭了生活在世界各地海洋中的 85% 的物种。这次灭绝只影响了海洋生态系统，因为那时候的生命还没有真正占领陆地。

在整个奥陶纪，海平面达到了自古以来的最高水平——比今天高出 220 米，这是难以想象的——当时所有的陆地都集中在一起，而不是像我们今天看到的那样分散开来。即使在大冰期期间大部分土地被冰雪覆盖的情况下，海平面也仍然比现在的高出 140 米。这片土地上几乎没有任何生命，只有极少的真菌和早期植物能够在陆地上存活，如苔类植物，以及角苔类和苔藓的祖先类型。这时距离树木、草和开花植物演化到登上历史舞台还有数亿年。相反，绝大多数生命都被发现于环绕着巨大陆地的浅海里。

这次灭绝有两次物种灭绝的高峰，是第一次影响动物群落的大灭绝事件。虽然许多物种和类群在这次大灭绝中幸存下来，但令人遗憾的是，怪诞虫没有活下来[1]，它是展示灭绝事件如何突然终结一个物种或一些物种演化进程的例子。我们永远也不可能知道怪诞虫和它的后代会变成什么样子了，但有那么一个时代，这些古怪的

1 化石证据表明，怪诞虫生活在寒武纪，迄今为止尚未发现它存在于其后的奥陶纪的证据。——编注

小型无脊椎动物曾经占据所有史前海边的基岩海岸水池和许多其他浅海栖息地。

怪诞虫是一种非常奇怪的海生无脊椎动物——一种浑身长满刺和褶皱的有盔甲的蠕虫，居住在对今天的我们来说陌生的星球上。在那个时代，巨大的无脊椎动物捕食者潜伏在浅水栖息地，人类的早期祖先仍然是鱼类。是什么原因导致大量冰雪覆盖了地球？是什么原因导致海平面下降，使得许多浅海生态系统干涸，从而使这些刚刚开始的生命无法生存？

当时（左侧）和现在（右侧）的浅海栖息地。寒武纪的海洋生机盎然。5亿年前，你看到的可能会是奇虾（*Anomalocaris*）、奥戴雷虫（*Odaraia*），当然还有怪诞虫，而不是现在的锤头鲨、海豚、海鳗、海龟和章鱼。

起因

当我们试图拼凑出一个发生在近5亿年前的事件时，重要的是要保持开放的心态，并记住可能没有多少线索保存下来。首先，由于板块构造的活动和大陆的运动，真正的海床几乎每2亿年左右就会被翻腾和循环再造一次。这意味着有些证据最后都会丢失，例如易于研究的小行星撞击坑或化石本身等。

当研究更早期的大灭绝时，会有一些复杂的解释，一些奇怪的想法，老实说，还有一些疯狂的理论。关于奥陶纪末期的灭绝事件，一直存在各种观点。有些科学家认为，在银河系的某个遥远的旋臂中，有一颗超新星，这是一种巨大的太空爆炸形式，距离地球约6000光年。如果一光年等于光在一年中的传播距离，也就是大约9万亿千米，那么这颗超新星距离你现在坐着的地方大约5400万亿千米。它会爆发出一种短暂但致命的伽马射线。伽马射线是所有类型的能量中波长最短的波，它可以从原子之间穿过。一次 10 秒的伽马射线爆发就可以剥夺地球大气层中一半的臭氧。臭氧是地球上空一种浓度很高的气体，它阻挡了大部分紫外线（UV）对地球的烘烤。随着大部分的这种保护性气体的突然消失，致命剂量的紫外线辐射将杀死许多脆弱的物种和类群。这是一个很酷的观点，谁会不喜欢深空爆炸和辐射的想法呢？好吧，当然是热爱证据的科学家们。虽然奥陶纪末的灭绝事件有可能是伽马辐射导致的，但没有明确的证据表明这种情况曾经发生，相反，这有点像一个以“假如”开头的故事。

另一种观点是，海洋的化学组成发生了变化，一系列强烈的地震和火山喷发导致地壳中出现了高含量的砷、铅和铁。这些矿物和金属的新含量是危险的（我们知道它们有毒），可能在近 4.5 亿年前地球古老的海洋中引发了大量微小浮游生物的奇怪的畸形化。海水含氧量的下降可能导致这些金属离子释放到生态系统中，自下而上地破坏食物链。

基岩海岸的小水池为细小而脆弱的生物提供了庇护所。两只怪诞虫与一些威瓦亚虫（*Wiwaxia*）共享同一个基岩海岸小水池，威瓦亚虫用嘴巴刮食藻类或细菌。

另一种理论认为，一系列超大火山的喷发和剧烈的岩石圈板块构造运动往大气中释放的二氧化碳达到了危险的高浓度，并成为罪魁祸首。二氧化碳是我们的大气层必不可少的组成成分，它有助于留住适当的热量来保证地球的温暖舒适，使其正好适合生命的繁衍。然而，过多的二氧化碳意味着更多的热量被捕获，这最终会导致地球过热而使物种更难生存。

这是一个好想法，我们知道这种情况确实可能发生（此刻就在发生）。但是当查看证据时，我们会发现，就在第一次大灭绝之前，世界各地的二氧化碳含量非但没有增加，反而下降了将近三分之二。

事实上，奥陶纪末的大灭绝可能与这些因素中的多个有关（尽管不是致命的空间伽马射线理论），虽然它们都没有直接导致物种灭绝，但它们可能对两次灭绝都有贡献。我们知道，当时的地球突然变冷，形成了巨大的冰盖。不同寻常的是，这实际上可能是由于当时地壳内强烈的火山活动和超大的地质构造过程导致二氧化碳含量较低而造成的。[1]

由于大部分陆地位于南极所在的南半球，一个集中的（巨大的）古代冰河时期意味着整个世界的海洋，从最浅到最深的所有可能存在生命的地方，都被冷却了。

突然形成了如此大量的冰，形成冰所需的水必然来自某个地方。因此，除了海水变冷，海水量也突然减少，这是奥陶纪末大灭绝的另一个主要因素。环绕着超大陆的浅海栖息地不仅变冷了，而且还干涸了。

当时可能发生了小行星撞击或致命的金属离子中毒，甚至灾难性的藻华爆发释放出有毒化学物质并使环境变得缺氧，但这些因素只会加剧已经形成的破坏。当

1 前面提到火山和构造运动排出大量二氧化碳，这里的情况相反。火山和板块构造运动消耗二氧化碳，应该指的是风化作用的过程。——译注

虽然海洋环境里充满了生命，但陆地上却毫无生机。最早的植物需要在水边才能生存，这意味着数百万平方公里的陆地上是没有生命的。

大部分生命已经适应了温暖的浅海时，它们最不需要的就是一个没有浅水栖息地的寒冷环境。

早期的全球性冰河时代并没有持续太久。快速降温和海平面下降只是第一阶段，紧接着这场全球性冰川事件突然就结束了。于是，那些因为冰河时代以及海平面下降而被迫适应深水栖息地的浅水物种不得不重新去适应环境。当世界变暖之后，冰川融化，海平面再次上升。当海平面上升得过快时，额外的水会严重扰乱洋流。这听起来可能并不严重，但如果洋流被破坏，或者更糟，洋流消失了，那么天气模式就会崩溃，气候也会改变。这种冰川融水带来的洪水效应和海洋重大变化对许多物种来说影响太大了。它们不能足够快地适应，它们不适应快速而剧烈的变化，也不适应它们所处的新环境，数十万甚至数百万物种因此而灭绝。

影响 85

就大灭绝而言，奥陶纪末期有坏消息也有好消息。

重要的是，不仅大约 85% 的物种灭绝，还有大约 50% 的动物类群灭绝，这将影响生物的多样性，并导致食物链和生态系统崩溃。尽管这显然是一件可怕的事情，但好消息是，主要的动物类群一个也没有消失。有许多类群的的确确熬过了这场全球性的灾难。三叶虫活了下来，尽管它们失去了重要的成员。棘皮动物（现在包括海星、海胆和海参）和海百合类（海百合和海羽星）也活了下来。软体动物，包括蜗牛、海蛞蝓和头足类动物 [现在是章鱼、鱿鱼和乌贼，但那时包括了直角石（*Orthoceras*）等类群]，也成功活了下来。

对我们来说最重要的是，早期的鱼类代表们成功度过了这场危机。当时有颌鱼类刚刚演化出来，尽管它们看起来与今天我们可能认识的鱼类非常不同，但我们应该庆幸这些早期的脊椎动物确实活下来了，因为它们将会演化并分化成所有其他脊椎动物，包括我们人类。

全球范围内出现巨大的冰川，以及同时期的海平

虽然有些已经灭绝的物种与今天还活着的某些物种相似，但一般很难判断它们究竟有没有亲缘关系。食肉性的内克虾（*Nectocaris*）看起来像鱿鱼的远房亲戚，也许它确实是，但我们仍然不确定。

面下降是奥陶纪末期的标志，当时地球上的大部分陆地都集中分布在南极附近。这意味着，这里有广阔的浅海生态系统，非常适合发展出生物多样性以及多样化的生态系统。在这些浅层栖息地有着高水平的光照，早期的珊瑚和藻类可以通过光合作用把来自太阳的光辐射转化为能量，用于生存和生长，并产生热量。这意味着，这里可以发展出复杂的食物链，并且有足够的资源来供养大量的生产者、植食性动物和食肉动物，这有点像我们今天看到的生机勃勃的珊瑚礁和岩石海岸。

当海平面突然下降之后，浅海栖息地几乎干涸了，生活在这里的物种无处可去。那些身体不能移动的动物会因为突然暴露出水面而死亡。

损失了多少物种和个体，我们根本不可能知道真正的数目。部分原因是，只有很少一部分死掉的生物真正变成化石，而且我们谈论的是地球历史上一个遥远的时代，能知道任何事情都已经非常幸运了，不敢奢望更多具体的细节。总的来说，浅海栖息地的数量减少了，这意味着适合浅水物种的生存场所也减少了，而且为了争夺仅存的生存机会，竞争会更加激烈。

此外，全球性的冰川作用意味着全球范围的降温，降温是导致大灭绝的第二个主要因素。如果缺乏栖息地没有杀死一个物种，那么寒冷的环境也可能会杀死它。在大灭绝之前，整个星球的平均温度比今天高出几度，正如我们目前所看到的，这带来很多差异，有的地区的生态系统更温暖，属于热带地区。我们仍然可以在最意想不到的地方（撒哈拉沙漠）看到这次古老冰川作用的证据，那里的沉积物清晰地显示出在大约 4.43 亿年前，有一个时期冰盖覆盖了大部分陆地，从现在的非洲北部一直延伸到南美洲南部。这片巨大的冰盖可能是今天南极洲的两倍大，有些地方厚达近 1000 米。

在整个奥陶纪末期，生活在海水表面或海面附近的动物，以及生活在浅水栖息地的动物受到的影响，比生活在海底或较深水域的动物更严重，许多动物可能就此消失。灭绝分为两个阶段。第一阶段产生了很大的冲击，但只对有限数量的物种产生了影响，比如那些身体被困在一个地方无法移动的物种，或者那些无法应对环境变化的物种。大约 100 万年后，在奥陶纪末大灭绝的第二个阶段，这种冲击似乎出现得更随机也更广泛，导致了更多物种灭绝。

大灭绝的第二个阶段极大地改变了地球上的环境，标志着奥陶纪的结束和志留纪的开始。地球上的生命花了数百万年的时间才从奥陶纪末的灭绝事件中恢复过来，但当它恢复过来时，许多新的类群和物种发现自己处于相似的生态位和栖息地。这意味着，尽管这次大灭绝确实造成了广泛的全球性冲击，并终结了许多物种和类群，但它并没有产生显著的长期影响。

随着地球恢复并进入志留纪和泥盆纪，生命多样化了，也产生了许多变化，包括有史以来最成功的脊椎动物之一——鱼类的演化和扩张。

寒武纪海洋生态环境中的食肉动物（例如奇虾）、植食性动物和食腐动物。有的物种在积极地寻找食物，而另一些物种则是滤食性动物。

我要问专家

邓肯·默多克博士是牛津大学自然历史博物馆的研究人员。他是古生物学家，研究最早的动物化石，尤其是第一批构建骨骼的动物。他研究这些动物是如何生活的，与哪些现代动物有亲缘关系，以及它们如何变成化石。

那么，最初的动物是什么样的？

想想可能会觉得奇怪，但在过去有一段时间，地球上并没有动物。在数十亿年的时间里，最复杂的生命也就是类似黏菌这样的生物而已。然后，大约 5.7 亿年前，情况开始发生变化，到怪诞虫的时代，所有动物的大分类群都出现在了世界的舞台上，它们游泳、蠕动和挖掘泥土，并永远地改变了这个世界。

那么，在这个狭窄的时间窗口里发生了什么，最早的动物是什么样的？我们需要看看化石记录。在形成于大约 5.21 亿年前的海底岩石中可以发现大型动物化石，如三叶虫。在此之前，还有微小的贝壳和刺的碎片，以及肯定是动物留下的抓痕和洞穴。这些将我们带到了一个被称为寒武纪的时期的开端，大约 5.41 亿年前，那时的动物与我们今天看到的有些动物并没有什么区别——它们是有肌肉、神经、嘴巴和肠道的蠕虫，在海底的泥里寻找食物时留下了它们的痕迹。

如果我们深入到寒武纪之前的时代，事情就会变得奇怪多了。在这里，我们进入了“管子的世界”。在这里，第一批动物演化出骨骼，它们长出坚硬的管子和杯状的构造来蛰居，并创造了世界上最早的生物礁，虽然规模很小。尽管还不清楚这些管中居民长什么样，但大多数科学家都认为它们是某种动物，也许类似于生活在今天的珊瑚。

在更加久远的时代，我们发现了奇怪的软躯体生物，乍一看与现生动物几乎没有相似之处，但新的发现表明它们可能也是动物。狄更逊水母（*Dickinsonia*）看起来有点像湿润的沙子上的拇指印，没有嘴巴，没有内脏，也几乎没有任何可以辨认的特征。但它似乎能够自行移动，留下拖曳“脚印”（即拖痕），有的狄更逊水母化石上还带有被认为明显是动物特征的化学痕迹。

不过，最古老的是叶状形态类化石（rangeomorphs），比如恰尼虫（*Charnia*），大约有5.7亿年的历史。虽然它们看起来有点像蕨类植物的叶子，但它们生活在光线无法到达的深水里。它们曾被认为是完全灭绝的“演化失败的试验品”，新的证据显示，它们的生长方式只有动物才能做到，而非植物。

那么，最初的动物是什么样的？答案是，我们不确定，但这些化石提供了令人兴奋的线索。几乎可以肯定它们完全是软躯体的，生活在寒武纪之前的海床上。它们可能是扁平的圆盘或叶子形状，附着在某个地方，或者在泥地上移动，或许是更奇怪的东西。

怪诞虫

有些事情很难解释，除非所有的证据都摆在你面前。想象一下我邀请你和三个朋友帮我做一个相当奇怪的实验。我需要你们四个人站在一个黑暗的房间里，每个角落站一个人。你们什么也看不见，而且必须保持安静。我在黑暗中把一头友好的大象藏在你们面前（是的，我知道这可能不是一个好主意），但是你们看不到它。你们每个人都要举起双手向前走。你们有五秒钟的时间在黑暗中摸索并触摸你们面前的东西。

其中一个人感觉摸到一根长长的、摇摆的树枝。一个人用双臂环绕住了一条像巨大的树干一样的腿。一个人摸到一只又大又薄的正在拍打着的耳朵，耳朵的一部分被蓬松的毛遮住了。一个人感觉摸到了低垂着的正在隆隆作响的肚子。想象一下，如果你们都离开这个房间，然后必须解释房间里的是什么，你们谁知道站在那里的是什么吗？如果你摸到的是象牙，你可能会偷偷地怀疑是大象，但是如果你们每个人都只摸到了这头友好的大象的一小部分，那么当你们聚在一起描述这个神秘的动物时，就会感到非常困惑。想想看，如果这是一个人第一次遇到大象，那会有多么困难。

发现

如果你只有很少的线索，那么就很难解释摆在你面前的有限的信息，这就是发生在有史以来我们描述过的最古老、最神秘、最怪异的动物之一——怪诞虫身上的故事。1911 年，美国古生物学家查尔斯·杜利特

尽管有将近 5 亿年这么古老，但发现于布尔吉斯页岩中的一些保存非常完好的化石仍显示了怪诞虫的硬刺和身体的柔软部位。

尔·瓦尔克特发现了这些非常奇怪的怪诞虫。尽管他正确地将怪诞虫描述为一种非常古老的水生蠕虫，但他同时错误地认为这是另一种已经被描述过的叫作加拿大虫（*Canadia*，一种节肢动物）的蠕虫化石。在古生物学领域，这种情况发生的次数比你想象的要多。命名新物种

的竞争非常激烈；化石往往是碎片；研究的技术水平也远远不像我们今天这么好，能使用扫描仪和显微镜。于是，错误就发生了。

值得庆幸的是，研究史前生命的科学家们现在有了更多的化石标本、更先进的技术，并共同努力去理解地球上的生命历史。尽管只有几块化石，甚至只是化石的碎片，我们也能够从中解读出大量令人震惊的细节。通过更好的训练、技术的巨大飞跃和更准确的研究，科学家们甚至能够提取眼睛或微小棘刺的化石印记，并复原一种生活在5亿年前的史前蠕虫。在很多方面，成为科学家就像成为一名侦探，通过科学方法，我们能够探索宇宙中最迷人、最有趣的故事。

我们一度认为怪诞虫可能是某种更大的动物的一部分。我们无法完全确定这种动物可能是什么，但这类错误的鉴定确实时有发生。在类似的例子中，另一种名为奇虾的寒武纪动物一开始被确定为一种小型虾的一部分，直到其他的身体部位

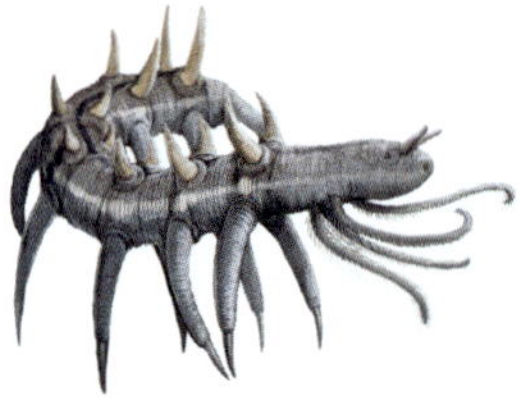

被拼凑在一起，科学家才意识到它本身就是一种完整的动物。

解剖结构

如果你和我谈论怪诞虫，我试着向你描述它，我们的对话可能会是这样的：

我：“所以，曾经有一种非常古老的动物，叫作怪诞虫。”

你：“这个名字很酷，它看起来是什么样子的？”

我：“嗯，它看起来几乎和一条小虫子一模一样，但是……有脑袋和牙齿。”

你：“有牙齿的蠕虫？”

我：“还有刺。”

你：“什么？你确定它是……”

我：“哦，还有腿。我提到过腿了吗？”

你：“这不是我见过的蠕虫，但是不管是

如果你看到活着的怪诞虫，它应该会很小，可能最多只有你拇指长度的一半左右，可能更小。在怪诞虫生活的时代，这个星球上极少有大型动物。

什么，它都很奇怪。”

尽管你可能经常听到怪诞虫被称作一种古老的蠕虫，但它绝对不是你花园里的那种蠕虫。尽管它可能与蠕虫有一些相似之处，但如果你将蠕虫、毛毛虫和一些水下的物种混在一起（并添加一点儿你自己的想象力），那么你就更接近于了解怪诞虫的样子了。怪诞虫的化石显示，它是一种细长的动物，长 5—35 毫米（大约是本页“怪诞虫”一词的长度）。它的腿在身体下方成对排列，有的有 7 对腿，有的有 8 对腿。无论它们有 14 条腿还是 16 条腿，每条腿的末端都有一对锋利的小爪子。

如果你看到活着的怪诞虫，它应该会很小，可能最多只有你拇指长度的一半左右，可能更小。在怪诞虫生活的时代，这个星球上极少有大型动物。

在每一对腿的上方，身体的上半部，都有一对对应的刺。这些锥状刺坚硬而细长，底部呈圆形，末端变尖

复原已经灭绝的物种可能会非常困难，尤其是在只发现了化石碎片或生物个体非常小的情况下。怪诞虫首次被发现的时候，在揭示它的真实面貌之前，古生物学家们错误地将其他物种的化石碎片加到了它身上。

锐，很可能是用作防御的武器，因为很少有捕食者喜欢吃可能会卡在喉咙里的多刺的食物。在发现怪诞虫后不久，就可以确定它们至少有两个不同的种，因为它们的头和刺不一样。发现的第一个种，稀毛怪诞虫（*Hallucigenia sparsa*）有一个细长的头，背部有七对细长的刺。第二个种强壮怪诞虫（*Hallucigenia fortis*）有一个大而圆的头和短且呈圆锥形的刺。

更近一些的时候，在 2012 年，第三个种红梅怪诞虫（*Hallucigenia hongmeia*）被发现和描述。它是三个种当中个头最大的，长度达到 35 毫米。它也有圆锥形的短刺，但与前面两个种不同的是，这些短刺上布满了只有在显微镜下才能看到的小圆孔。古生物学家认为，这些小孔可能是无数被称为乳头的微小的、类似指头的

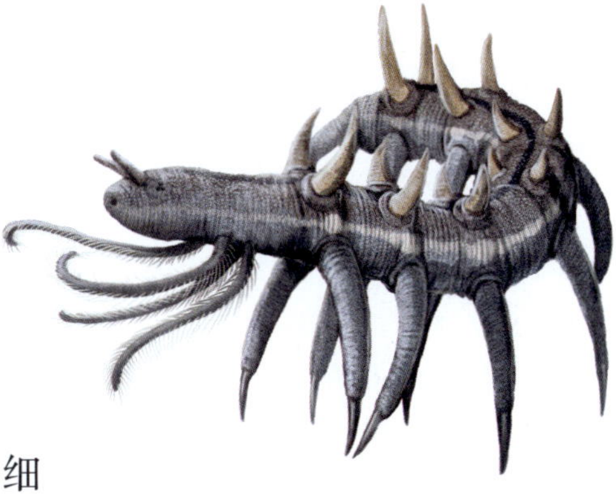

结构，它们要么帮助怪诞虫在水下交换气体以呼吸，要么甚至可以“品尝”环境。这些奇特的波浪状结构看起来像身体前部的触手，上面覆盖着细小的毛发状物质，我们认为这使得怪诞虫能够通过过滤来获取食物。它甚至可以通过挥舞触手穿过水体，来捕食浮游动物或微小的动植物。有的化石保存得非常完好，因而有证据表明它们的肠道可能是什么样子的，尽管科学家尚未正式描述这种不寻常的古代海洋生物的内部结构。

令人惊奇的是，关于哪一头是怪诞虫化石的头，哪一头是怪诞虫的尾，科学家花了将近50年的时间才完全确定并达成共识。有一端是从腿和刺所在的地方伸出来的，这意味着它应该能够伸到海床里进食。科学家最终决定，这一端应该是头部。直到这一发现之后，科学家才发现了其他化石，这些化石的细节非常完好，古了解物种的解剖结构只了解了灭绝物种的一半的知识；行为学同样重要，但往往更难揭示出来。怪诞虫是捕食者还是食腐动物？或者，它过滤食物吗？它有地盘吗？如果有的话，怪诞虫会互相展示地盘吗？

生物学家能够识别出两只简单的眼睛，一张长满牙齿的嘴，甚至还有专门向着肠道延伸的额外的“牙齿”。这可能意味着怪诞虫有能力咀嚼食物，以帮助进行更有效的消化。

科学家认为，当在一个地区发现怪诞虫化石时，这里面有的化石更大、更胖，有的化石更小、更细长。他们认为，这些差异可能意味着化石来自雄性或雌性，尽管目前我们还不能完全确定哪个性别是大的，哪个性别是小的。

生物分类

如果我让你想三种令人印象深刻的动物，你会选择哪一种？也许是一头鲸鱼，有的鲸鱼的舌头比汽车还大；或鸟类，有的鸟每年在北极和南极之间飞行，无休止地追逐最好的食物和繁殖地；也许是蝴蝶，它们从花园飞过时，闪闪发光的翅膀让我们眼花缭乱。它们幼年时是短胖的毛毛虫，从茧中爬出来后，重组身体的每一个部

位，形成明亮的、精致的翅膀。

我打赌你没有想过蠕虫，对吗？虽然蠕虫是令人惊叹的动物，但比起动物王国中的所有其他选择，蠕虫看起来并不特别令人印象深刻，它们的行为也不会让人难以忘记。然而，并非所有的蠕虫都是一样的……有些蠕虫比其他蠕虫更奇怪。

而且，令人困惑的是，某个东西被称为蠕虫，并不意味着它一定是蠕虫。这可能是生物学的一个特点——给动物起的名字并不总是很准确。思考一下以下三个例子。你认为“青蛙嘴”（frogmouth）可能是指什么？一只青蛙，对吧？不是。也许是一条大嘴鱼？错了。它是一只鸟。“讽刺的刘海头”（sarcastic fringe head）是指什么？也许是一只厚脸皮的蜥蜴？完全不对。事实上，它是一条鱼，它可以张开嘴，以一种极端的方式炫

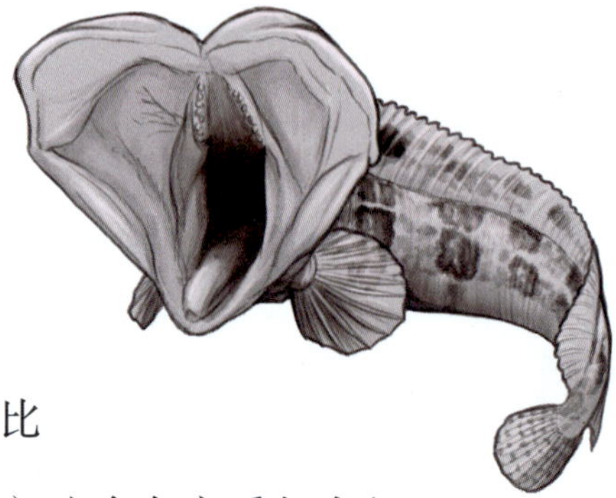

耀它明亮多彩的内部。至于这种不寻常的水生生物占领地盘行为的实际运作方式，如果我描述给你听，你恐怕都不会相信。相比之下，“山鸡”（mountain chicken）这个名字看起来很容易了吧？它应该是一种住在山上的鸟，可能大部分时间都在产卵？错了。“山鸡”实际上是一种生活在加勒比海岛屿上的大型青蛙。名为怪诞虫的蠕虫也是这种情况，因为这个名字并没有告诉我们多少关于这种蠕虫的信息。事实上，通过我们的观察，怪诞虫远不是一种真正的蠕虫。

识别新物种或动物群总是非常令人兴奋和重要的，但同样重要的是要知道这个新发现在更大的演化树上的位置。这被称为分类学，尽管它是一个相当有挑战性但有趣的科学领域，但其实你日常一直都在做分类。下次当你走进超市时，你会不假思索地开始做分类。

你会看到新鲜的水果和蔬菜，根据它们的相似之处或差异分组摆放。这与我们科学分类的过程完全相同。在超市里，土豆、胡萝卜和其他蔬菜会摆放在一起，苹果、橙子、梨和其他水果会摆放在一起。你不需要在香蕉和橙子之间寻找胡萝卜，因为有人已经把水果和蔬菜分开摆放了。所以，当你看向苹果时，不同类型的苹果挨在一起——它们没有被分散摆放在新鲜水果和蔬菜里，对不对？

这就是正确的、科学的分类学。相似的物种在演化树上距离彼此很近，当许多物种真的相似时，那么它们在演化树上的距离会更近（在同一个演化枝上，但每个物种都占据一根单独的小分支）。不管是今天活着的动植物还是已经灭绝的生命形式都是如此。

研究怪诞虫的分类和演化树却并不容易。这就像是拿到了一盒 1000 块的拼图，当你打开盖子时，意识到里面只有 50 块拼图。把拼图拼在一起会很困难，你只能理解整体画面的一小部分。怪诞虫就是这样。我们只有大约100个不同的怪诞虫化石，而且并不是所有的化石都完整，但这也是生活在大约5亿年前的动物的有趣之处。我们没有太多的证据可以继续下去，因此科学家能够发现任何东西都令人惊讶，如果想了解早期生命和它们繁衍生息的生态系统，那么我们需要利用所掌握的每一条线索。

那么，什么是怪诞虫？在5亿年前那个庞大而复杂的动物王国中,它处在什么位置？它看起来像是蠕虫（长而柔软的身体）和节肢动物（腿类似蚂蚁或蜈蚣）的混合体。事实上，它既不是节肢动物，也不是蠕虫，而是属于另一个迷人的动物类群。

我们现在并不完全知道怪诞虫与什么动物的关系最密切。有些科学家认为它是一种早期类型的天鹅绒虫（也不是蠕虫），或者它属于泛节肢动物（Panarthropoda animals），这个更大的类群包括：有爪动物门（Onychophora）的“天鹅绒虫”，具备“有关节的腿”的无脊椎动物中的节肢动物，以及缓步动物

（Tardigrada）“水熊虫”，所有这些类型彼此之间的亲缘关系都很远。

要成为泛节肢动物类群的一员，这个动物需要有腿和爪，必须有由体节组成的身体，并且必须有布满全身的神经系统。

当我们研究这三个非常有趣的、相互关联的类群时，我们发现怪诞虫的身体特征和每个类群都有相似之处。泛节肢动物令人震惊，在少数情况下，甚至有点疯狂。其中有些动物是地球上我们最熟悉、最有趣、最坚韧的生物之一。当我们观察泛节肢动物时，很明显，尽管它们有一些相似之处，但这些动物在很多方面都不同。这使得泛节肢动物（包括怪诞虫）具有巨大的古生物学意义，因为它们可以帮助我们重建史前无脊椎动物的生活，并理解整个类群是如何演化的。

天鹅绒虫（或有爪动物）

这些鲜为人知的动物被称为天鹅绒虫，因为它们看

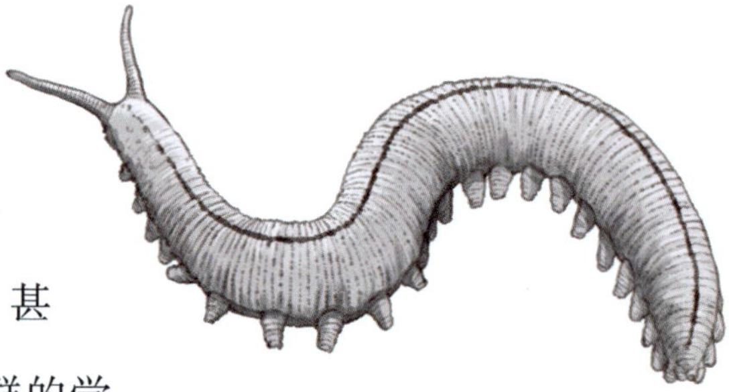

起来像被天鹅绒覆盖着的蠕虫。但它们并不是真的被天鹅绒覆盖，甚至也不是蠕虫。这个类群的学名是有爪动物门，来自两个古希腊单词，意思是“爪子”和“携带”，但它们也被称为栉蚕。天鹅绒虫是修长而柔软的泛节肢动物，拥有很多腿。尽管它们看起来像蠕虫、毛毛虫，甚至蛞蝓，但它们不是，而是一个独立类群。已经被科学地描述过的天鹅绒虫大约有 200 种，但人们认为还有更多的种类有待发现。天鹅绒虫主要有两类：一类主要分布在赤道周围的热带地区，另一类分布在赤道以南。

天鹅绒虫的大小差异很大，有些只有 0.5 厘米长，有些则长达 20 厘米。它们捕食环境中更小的动物，并有一种特殊的狩猎方式。当它们瞄准潜在的猎物时，会喷出一种黏稠的黏液状物质，这种物质会覆盖在猎物身上，并且一与猎物接触就会变硬。然后，天鹅绒蠕虫先将消化液注入被困的猎物体内，再吃掉已经部分溶解的美餐。

水熊虫（或缓步动物）

人们一直有个想象，在经历了一场全球性灾难后的世界末日，只剩下蟑螂还活着，因为它们被誉为地球上最顽强的动物。但是如果水熊虫在的话，蟑螂就排不上号了。人们亲切地称它们为水熊，因为它们看起来像经常在水中或水边发现的笨重而肥胖的小熊，这些动物通常约 0.5 毫米长，在科学上被称为缓步动物，“缓步”的意思是“缓慢地行走”。它们是丰满的、有八条腿的动物（脚上有爪子或吸盘），身体分节，生活在水中或水边。它们很顽强。

缓步动物几乎无处不在，从最高的山顶到最深的海底。它们生活在热带雨林和南极冰冻的栖息地。它们似乎可以在极端条件下

茁壮成长，如果条件过于恶劣，那么它们可能会进入一种类似于休眠的状态。为了了解它们有多顽强，科学家对它们的生命极限进行了测试。它们可以在低至-200℃和几乎高达 150℃的环境中生存。事实上，极端的辐射、沸腾的液体和比最深的洋底高出六倍的压强对缓步动物来说都没有问题。2019 年，当一艘月球航天器在月球上着陆时，据报道，上面有一个装满缓步动物的集装箱。我们可能永远无法确定，但月球上可能生活着一群小小的太空缓步动物。

节肢动物

这是一个庞大的类群，尽管有些物种你可能没有充分意识到，但它们很可能是这个星球上最重要的动物类群。节肢动物的意思是长着“有关节的脚”的动物，它们是一类无脊椎动物，拥有外部骨骼（外骨骼），有分节的身体和成对的腿。这个类群包括了所有的昆虫、蛛形纲动物和甲壳类动物。到目前为止，科学家已经描述

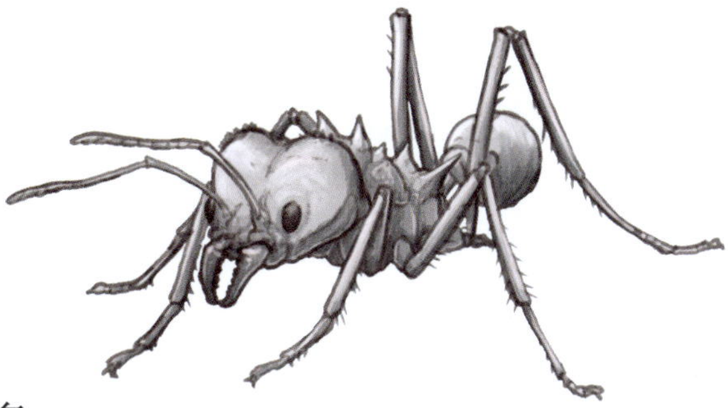

了超过 150 万种节肢动物，占地球上所有已知生物的 80% 以上。然而，有的科学家认为，可能还有多达 1000 万种节肢动物尚未被发现和描述——这可能是迄今为止已经描述的所有物种数量的五倍。

它们身体外部的骨骼是由一种叫作几丁质的坚硬物质组成的。外骨骼不能生长。但是，节肢动物一生中会不断脱去外骨骼，每次脱去外骨骼后都可以长得更大。有些节肢动物是食肉动物，有些是植食性动物，还有一些是杂食动物。有些有翅膀，有些没有。有些有六条腿，有些有更多条腿。节肢动物的体形差别很大，日本蜘蛛蟹的腿展开可以横跨 4 米，微体的海生无脊椎动物比本书中的句号小 10 倍。由于在大小、形状和行为方面千差万别，节肢动物异常成功，几乎在地球上的每个栖息地都能找到。

什么是怪诞虫？

怪诞虫到底是什么？它与其他动物是什么关系？最好的理解是，怪诞虫可能是泛节肢动物的早期成员，是缓步动物、节肢动物和天鹅绒虫的已经灭绝的近亲。它们通常被称为叶足类蠕虫，是一种古老的蠕虫状动物，有着短粗的脚，属于泛节肢动物。

所有这些亲缘关系是如何运作的，以及哪些动物与怪诞虫的关系最为密切，仍然是科学家争论和研究的主题，但我们对怪诞虫的了解越多，就越能了解那些当今最迷人、最成功、最多样化的动物。需要记住的重要一点是，尽管它看起来像蠕虫，但却不是蠕虫，而是一种让我们得以一睹地球上生命演化进程中最早和最重要的时间点的动物。

目前，我们只发现了 109 个不同的怪诞虫化石。尽管稀毛怪诞虫似乎在全球范围内分布，但到目前为止，只在当今中国发现了强壮怪诞虫和红梅怪诞虫。

生态环境

通过观察一个物种的生态，我们可以更完整地了解动物是如何生活的（或曾经如何生活），以及哪些因素影响了它的演化。所谓生态，我们指的是动物、植物、真菌或其他生物类群的生活方式、生活地点，以及在环境中扮演的角色。

有些物种的生态是清楚的，比如姥鲨，它是世界上体形排第二的鱼类。它是一种滤食性动物，每年要游数

两只巨大的怪诞虫在珊瑚礁上一个食物丰富的觅食点相互示威。

千公里去寻找食物和繁殖地。我们知道它吃什么，哪些动物从它身上摘取寄生虫，它有多大，游得多快。我们甚至知道姥鲨每年在什么时候抵达英国水域，因为它们在不列颠群岛的西海岸觅食。然而，即使是这样的巨型动物，我们对它们仍然有很多不了解的地方。我们对它们的繁殖情况、幼体姥鲨的生活情况，甚至成年姥鲨一年中的大部分时间在哪里度过，都知之甚少。

想象一下，从大约 100 块化石中了解一个只有 2—3 厘米长、生活在 5 亿年前的小生物的生态环境是多么困难（但也有收获）。这不仅是怪诞虫的情况，也是这个时期所有生物的情况。为了了解它的生态，我们需要高科技的设备和技术、尽可能多的化石、优秀的科学家和一点运气。

尽管围绕着怪诞虫有种种的不确定性，我们可以肯定的是，它生活在一个与我们今天所熟悉的世界截然不同的世界。如果你回到 5 亿年前，这个星球和居住在那里的动物对我们来说会是完全陌生的。许多人说，今天的地球是一个“蓝色星球”，因为它 70% 以上被海洋覆盖。然而，在距今 5.41 亿年到 4.854 亿年前的寒武纪，地球看起来比现在更像一个水世界，因为我们认为当时几乎所有的陆地都在南半球，形成了一个名为潘诺西亚（Pannotia）的超级大陆。

尽管看起来可能很奇怪，但我们还不确定潘诺西亚超大陆是否真的存在。如果它确实存在的话，据说这块超大的陆地在寒武纪期间解体了。

在怪诞虫四处游荡的时代，由发生在地壳中的巨大板块运动引起的构造活动已经迫使潘诺西亚分裂并缓慢地向北移动，在那里它将（有的科学家认为）继续形成更著名的超大陆——盘古大陆（Pangaea）。

年代

保存最完好的怪诞虫化石可以追溯到大约 5.05 亿年前。

栖息地

怪诞虫的化石主要分布在两个地方：加拿大不列颠哥伦比亚省的布尔吉斯页岩，以及中国的帽天山页岩。然而，怪诞虫的三个种并不是在同一个地方同时被发现。分布最广的是稀毛怪诞虫，似乎在世界各地都有分布，而到目前为止，只在中国发现了强壮怪诞虫和红梅怪诞虫化石。

环境

我们对寒武纪尽头生命的最佳理解来自对一个叫作布尔吉斯页岩的地方的研究。这个令人难以置信的化石层是由查尔斯·杜利特尔·瓦尔克特于1909年发现的(他后来发现了第一个怪诞虫化石)。布尔吉斯页岩中不仅充满了大量的化石，而且这些化石很特别。非常不寻常的是，它们展示出了惊人的细节，因为动物的软躯体部分被保存了下来，而不仅仅保留了坚硬的外骨骼、鳞片

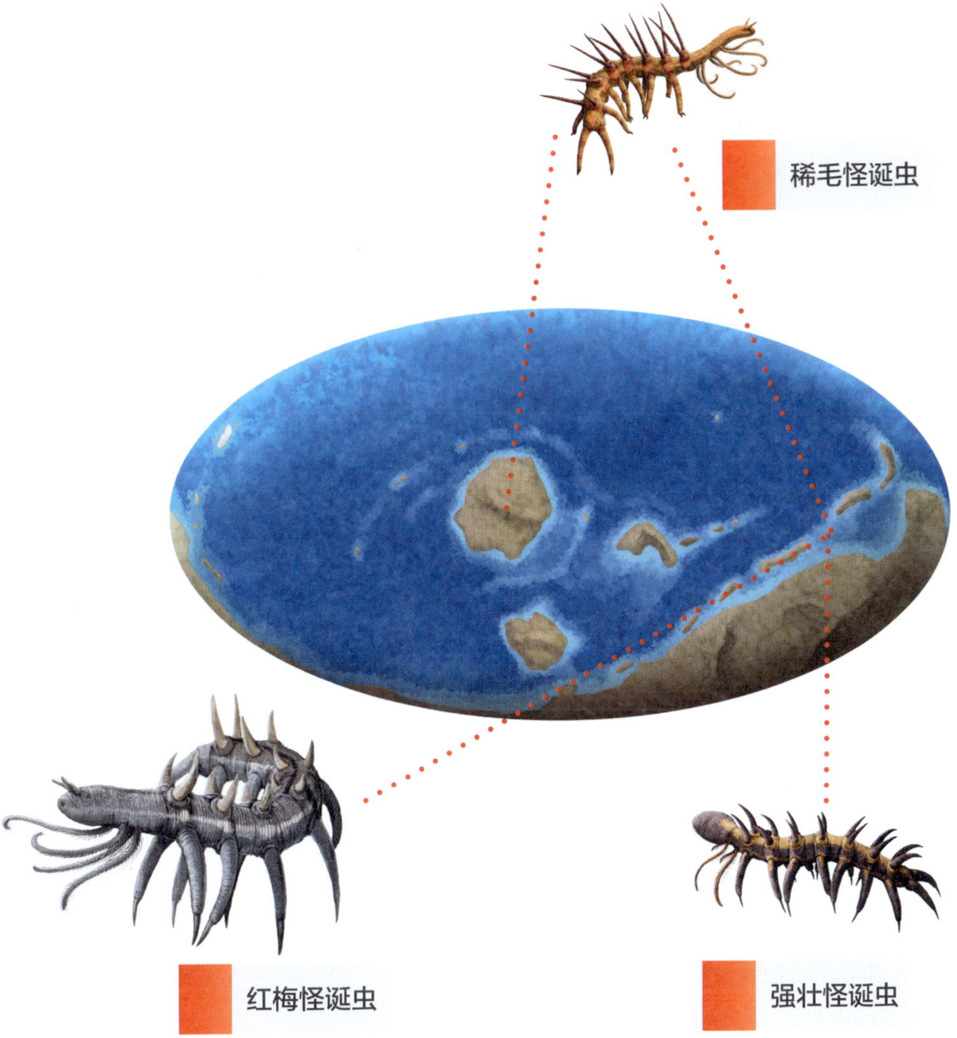

到目前为止，古生物学家已经鉴定出三种怪诞虫。它们的化石是在现在的北美和中国发现的。

或骨骼。布尔吉斯页岩位于加拿大不列颠哥伦比亚省落基山脉的中部。它形成于5.08亿年前，是世界上最古老的软躯体化石产地之一。它让我们了解到5亿年前生命的真实样子，当时的大多数动物都没有任何坚硬的身体部位，而坚硬的部位更容易保存在化石记录中。

想象一下，如果我参观了你家，却看不到任何柔软的东西。我看不到衣服、地毯或床单，甚至你的沙发看起来也像装了很不舒服的弹簧的木框架。为了完全了解你住的地方，我需要看看你家里软的东西和硬的东西。这对任何环境都是一样的，无论是现在还是在很久以前的历史上的某个时刻。

植物和动物

如果你涉水进入温暖的寒武纪海洋的浅水栖息地，

戴着面罩去浮潜，寻找一只活着的怪诞虫，你会惊讶于那里有那么多生命，看起来那么的不同寻常。那些动物看起来和今天所有的动物都不像。

和怪诞虫一起生活在浅海环境的大多数动物可以说都是底栖生物。它们要么身体附着在海床上，要么无法离海床太远。怪诞虫是这些“底栖”动物之一，因为它总是在环境的底部被发现。就竞争而言，怪诞虫可能是从水中过滤食物来生活的众多动物之一（可能超过总数的三分之一）。大多数底栖生物都在泥泞的海底觅食，大约10%是捕食者，比如布满刚毛的威瓦亚虫和长着钩状长鼻子的奥托虫（*Ottoia*）。底栖生物还包括有着奇异爪子的节肢动物欧巴宾海蝎（*Opabinia*），以及早期海洋环境中可怕的、有盔甲的、长得像虾的、以三叶虫为食的“超级捕食者”——奇虾。这两种捕食者都积极地为下一顿饭而狩猎。在那个时代，奇虾可能是地球上最大的生物之一，长度约1米，令人印象深刻。

一只正在分解的巨大奇虾给两只三叶虫、一些纳罗虫（*Naraoia*）和许多怪诞虫提供了食物，它们从水流中过滤浮游食物。

奇虾

威瓦亚虫

欧巴宾海蝎

像怪诞虫这样的软躯体动物如果没有用来防御的刺，就会出现在许多像欧巴宾海蝎这样的捕食者的菜单上。

行为

从怪诞虫的嘴、专门的“牙齿”和适合于滤食的小“手臂”来看，它很可能是一种食碎屑的动物，这意味着它吃死的和腐烂的东西，而不是主动捕食。很长一段时间以来，科学家都搞错了怪诞虫的哪一面是朝上的、哪一面是向下的，他们想象怪诞虫的硬刺与海床（或珊瑚或海绵）接触。就能量的消耗而言，这将会是一种糟糕的出行方式，或者可能意味着它们用刺挖掘栖息地来固定自己。现在我们知道，尖刺分布在它们身体的顶部，短触手是腿，应该可以用来在环境中移动。这样的解释更合理，因为这样的话，背刺就是用来防御的，而触手状结构可以很好地充当腿。

但是，就像关于怪诞虫的几乎所有方面一样，我们仍然有很多不确定的地方。在化石上不可能看到触手是否像你想象的腿一样成对。有的研究人员不认为这些刺是硬的，因为当有一部分硬体的软躯体动物死亡时，会单独留下硬体部分（想想蜗牛壳），但是到目前为止，怪诞虫的刺还没有被单独发现过。

刺作为防御武器，覆盖了怪诞虫身体的主要部分，但是身体前后两端没有防护。怪诞虫还有我们不知道的另外的防御方式吗？它们是在沙子里挖洞，还是住在海绵的身体里，只露出头部、滤食的部位，以及身体上的刺？它们会不会蜷缩成球来防御，从而把头和尾藏在刺的保护下，直到捕食者通过？正如你对一只生活在5亿年前的软躯体小动物所期望的那样，重建它的生活可能很有趣，但实际上也是不可能的。

术语表

节肢动物 Arthropod

一类无脊椎动物，有外骨骼和分节的成对的腿。昆虫，如蚂蚁；蛛形纲动物，如蜘蛛；甲壳类动物，如螃蟹，都是节肢动物。

底栖的 Benthic

水生生态环境的最底层。可能是一个河床和河床表面的水体，也可能是海洋的底部，海床和海床表面的水体也都是底栖的区域。

生物多样性 Biodiversity

特定的栖息地或生态系统里的植物、真菌、动物和其他生物类群的多样性。健康的栖息地或生态系统通常具有更高水平的生物多样性。

二氧化碳 Carbon dioxide

一种天然产生的温室气体。正常水平的二氧化碳对我们的环境捕获一定水平的热能来说至关重要。当二氧化碳含量过高时，环境温度也会过高。

几丁质 Chitin

在节肢动物外骨骼中发现的一种强壮而柔韧的物质。

弧菌 Chytrid

一种致病的细菌。

甲壳纲 Crustaceans

节肢动物中的一个水生生物大类群。大多数甲壳类动物都生活在海洋环境中。比如螃蟹、龙虾、虾、磷虾和藤壶。

食碎屑动物 Detritivore

一种主要以腐烂的植物为食的生物。蚯蚓和屎壳郎都是食碎屑动物。

生态学 Ecology

生物学的一个特定领域，重点关注生物之间，以及生物和环境之间的关系。

生态系统 Ecosystem

生物群落（动物、植物和其他主要类群）及其环境。

内温动物 Endothermic

动物通过身体内部过程产生自身体温的能力。通常使用“温血”一词，但不如“内温”准确。

外骨骼 Exoskeleton

覆盖在某些无脊椎动物，特指节肢动物，如昆虫和甲壳类动物，身体外部的坚硬的覆盖物。

伽马射线 Gamma ray

在所有类型的能量中波长最小的一种辐射。波长很小，可以在原子之间通过。伽马射线的辐射是致命的。

遗传学 Genetics

研究特征是如何代代相传的，如头发的颜色、毛皮的条纹或体形的大小。

杂交 Hybridisation

一种动物、植物等与另一物种或另一个亚种的个体繁殖后代的过程。

超新星 Hypernova

最大类型的太空爆炸。恒星爆炸就是超新星的一个例子。

无脊椎动物 Invertebrate

任何没有（也永远不会有）脊梁或脊椎的动物。

光年 Light year

光在一年内可以传播的距离，相当于大约 9 万亿千米。

叶足类 Lobopodian

一群已经灭绝的类似蠕虫的动物，有粗短的腿。这个名字的意思是“钝脚”。

生态位 Niche

生物体与特定环境条件的匹配。生态位包括了食物、任何可能的捕食者和猎物、栖息地等。

有爪动物 Onychophora

泛节肢动物的一部分，也称为天鹅绒虫。这些动物至今还活着。

生物体 Organism

任何生物。树是一种生物体，鲨鱼和蘑菇也是。你也是一个生物体。

臭氧 Ozone

一种天然存在于地球上空的高浓度气体。臭氧阻挡了大部分来自太阳的紫外线能量烘烤地球。

泛节肢动物 Panarthropoda

包括缓步动物、天鹅绒虫和像怪诞虫这样的有爪蠕虫。科学家们对这个分类群是否合适存在一些分歧。有的科学家认为，它们的相似程度不足以形成一个相关的类群。

盘古大陆 Pangaea

大约 3.35 亿年前的超级大陆，是由现在的陆地拼合在一起所组成。盘古大陆大约在 1.75 亿年前通过构造板块的运动开始分裂。

潘诺西亚 Pannotia

大约 6.5 亿年前的超级大陆，由一些可以追溯到当时的现代陆地拼合在一起组成。潘诺西亚在大约 5.6 亿年前通过构造板块的运动开始分裂，最终形成盘古大陆。仍有一些科学家认为不能 100% 确定潘诺西亚是否真的存在。

乳突 Papillae

这是些生物体上的非常小的圆形手指状“突起”，有时（但并不总是）是微观的，用于感知环境等多种功能。

栉蚕 Peripatus

也被称为天鹅绒虫，科学上属于有爪类动物。它们是泛节肢动物的一部分，至今还存在着。

喙 Proboscis

在无脊椎动物中，喙是吸管状或管状的吮吸口器。在某些蠕虫中，喙是可伸展的。

叶状形态类 Rangeomorph

一种已经灭绝的生物群，看起来像蕨类植物。这些生物是地球上最古老的生物之一，可能是最早的动物，尽管目前科学家们还不能百分之百确定它们绝对是动物。

缓步动物 Tardigrades

一类水生或半水生动物，也称为水熊或苔藓小猪。它们是泛节肢动物的一部分，有八条腿，已被证明能在温泉等非常高的温度和低至-272℃的温度下生存。它们最近甚至被带上了太空。

分类学 Taxonomy

根据不同生物体之间的相似程度将其分组的方法。例如，水果和蔬菜的分类法可能是把所有不同类型的浆果放在一起，然后把西红柿、辣椒和黄瓜放在一边，因为它们都有很多种子。

构造的 Tectonic

与地壳结构及其内部发生的过程有关。

紫外线 Ultraviolet (UV)

太阳产生的一种能量。

浮游动物 Zooplankton

在海洋和一些淡水生态系统中发现的微小动物。